# CULTURE

## DE L'ASPERGE

## DE GRAVELINES,

## ET DES

## PETITS-POIS.

Par M. MALLET, Inventeur des
Chaffis Phyfiques.

A BERLIN,
*Et fe trouve*,
A PARIS;
Chez l'Auteur, Barrière de Reuilly,
Fauxbourg Saint-Antoine.
Et chez BELIN, Libraire, rue Saint-
Jacques.

M DCC LXXIX.

# CULTURE

## *DE L'ASPERGE*

### *DE GRAVELINES,*

### *ET DES PETITS-POIS.*

## AVANT-PROPOS.

JE me proposai depuis longtemps de donner la Culture du Potager ; mais la multiplicité de mes occupations m'ayant empêché, jusqu'à présent, de rédiger cet Ouvrage, j'ai cru devoir publier celle de l'Asperge, & des Petits-Pois ; Légumes dont on fait, à juste titre, le plus grand cas, & à la primeur desquels on met un haut prix, sur-tout dans cette Capitale.

Je désigne l'Asperge de Gravelines comme étant l'espèce la meilleure : elle

A ij

est plus hative , plus grosse , plus déli-
cate , & de plus de durée qu'aucune
autre.

Quant aux procédés , ils sont à la
portée de tous les Jardiniers. Ils n'exigent
gueres plus de dépenses , de peines &
de soins que les autres opérations du
Jardinage , & l'on obtient par ce moyen,
en plein air , sans artifice , & pendant
huit mois consécutifs ces deux Légumes.
Aussi me flattai-je que les Propriétaires
des Maisons-de-campagne , que ceux qui
s'occupent du Jardinage , accueilleront
ce petit Ouvrage , qui ne peut que fa-
voriser leur jouissance & leur intérêt.

### Description de l'Asperge.

De toutes les Plantes potagères vivaces , l'Asperge est celle qui a une plus
grande quantité de racines ; leur grosseur
dépend de la bonne culture qu'elles re-
çoivent. Elles sont longues , charnues ,
blanches, attachées à une tête dure, plus
ou moins inégales , selon que le sémis a
été plus ou moins bien exécuté. Ses tiges blanches , lorsqu'elles sont enfouies
dans la terre , verdissent en en sortant.

Dans l'espace de dix jours, elles deviennent lisses, sans feuilles & assez ramues. Lorsqu'un Plant d'Asperge est vigoureux, les tiges s'élevent jusqu'à quatre pieds de hauteur, sur-tout celles de Gravelines. Les feuilles ressemblent à celles de la Fenouille, les fleurs, de vert-céladon, sont placées le long de petits rameaux; après leurs chûtes, il succède des fruits de la grosseur d'un gros Pois, qui deviennent rouges en mûrissant; ils renferment ordinairement trois graines dures & noires; C'est cette graine qui sert à multiplier le Plant : il faut semer chaque année, & le changer de climat tous les trois ans, sans quoi l'Asperge dégénere.

Comme le Plant d'Asperges de Gravelines dure vingt ans, il devient inutile d'en semer, sur-tout dans les environs de Paris, où le terrein est si précieux.

Il y a autant d'espèces d'Asperges que de climats, si on vouloit les observer scrupuleusement; chaque Pays les fait varier. Mieux vaut les tirer des Pays de réputation, & où le terrein est à bas prix.

L'on distingue cependant trois espèces

d'Asperges , qui sont celles d'Allemagne, ou l'Asperge commune , celle de Hollande , dite de *Marchienne* , qui ne dure que cinq à six ans, après lequel temps elle dégénere , & celle de Gravelines, dite *Maritime* , qui possede toutes les bonnes qualités possibles, dont le goût est agréable ; elle est infiniment moins fillendreuse que toutes les autres. Elle est hative naturellement , ce qui est avantageux pour Paris ; ses tiges ou fruits sont plus gros , plus charnus & en plus grande quantité, moins sujets aux maladies & aux insectes ; c'est en un mot , à juste titre , qu'on lui donne la préférence sur toutes les autres espèces d'Asperges.

### Propriété de l'Asperge.

Outre que l'Asperge se donne avec succès aux convalescens , on la conseille aux hypocondriaques , ainsi qu'aux personnes attaquées de la jaunisse ; elle excite l'appetit , provoque les urines, elle est apéritive , & passe pour dissoudre la pierre des reins & de la vessie.

*Culture de l'Asperge pour en obtenir les fruits en Février & en Mars, sans dépense & sans les fatiguer.*

L'Asperge est un Légume qui mérite les honneurs d'un Potager ; il faut conséquemment les exposer au midi, & les mettre à l'abri du vent du nord. Si on ne peut pas à la rigueur les faire jouir de cette exposition, il est nécessaire de les entourer d'un mur, & de garantir le carré avec des paillassons posés debout en forme d'ais, au moins jusqu'au mois de Mai.

A l'égard du terrein, il ne sauroit être trop friable, cette Plante étant très-gourmande. La terre franche & meuble est celle qui lui convient le mieux, & en second lieu la terre sablonneuse. La terre glaise lui est contraire ; il n'est pas possible que l'Asperge y vienne avec succès, si on ne la défonce pas de quatre pieds de profondeur, & si l'on n'y mêle pas la moitié d'une bonne terre sablonneuse en rapport.

Voici la manière de créer une bonne Aspergerie.

### *De la manière de former un Carré d'Asperges.*

Je suppose le terrein & l'exposition, ou enfin les précautions que je viens de requérir. On commencera dès le mois de Septembre à dresser son terrein en planches égales de quatre pieds de large; quant à la longueur, elle est arbitraire.

Les planches marquées, sans qu'il soit nécessaire de les bécher, afin que la terre des côtés ne s'éboule pas en les travaillant, il faut enlever deux pieds de profondeur de la premiere planche, & faire transporter la terre dehors par un bout, ayant soin de la finir sans la traverser, sans quoi l'opération seroit imparfaite, parce qu'on écraseroit le bord des planches.

Quant à la seconde planche on n'y touche pas, avant que les plantes d'Asperges soient parvenues, excepté qu'on y plante, pendant cet intervale, des laitues, des romaines, ou des endives; la troisieme planche s'enleve de même que la premiere.

La quatrieme se cultive comme la se-

conde ; la cinquieme se reprend , & ainsi
des autres.

Après avoir enlevé les deux pieds de
terre dont je viens de parler , il faut
y mettre six pouces de fumier à demi-
pourri, composé d'un tiers de fumier de
mouton, d'un tiers de celui de vache ,
& d'un tiers de celui de cheval, que l'on
aura arrangé par couches au printemps
précédent , & sur lesquelles on aura fait
des melons ou d'autres légumes.

Ce fumier étant épars , il faudra l'en-
terrer aussi-tôt dans la terre, d'un demi-
fer de beche seulement , & le laisser
passer une partie de l'hiver de cette maniere. Il est entendu que l'on doit arranger de même les autres planches destinées pour y planter les Asperges.

Etant parvenu au mois de Mars , il faut
labourer de nouveau toutes ces planches,
d'un demi-fer de beche , pour faire re-
venir sur la superficie le même fumier
qui doit être pourri : pour lors on ajou-
tera trois pouces de terre sur ces fossés,
mêlée de voieries pourries , ou de fumier de mouton également pourri.

Presque tous les Jardiniers en général
ont pour habitude de planter ou de se-

mer ſur des terreaux purs ; c'eſt une
faute très-grande qu'ils commettent : la
repriſe , & la levée des plantes ſont à
la vérité plus promptes ; mais ils ne
veulent pas entendre que ce léger avantage eſt contrebalancé par les ſuites les
plus fâcheuſes, la pourriture, ou la lan-
gueur. Il eſt certain que le fumier pur
occaſionne un relâchement plus ou moins
ſenſible dans les plantes ; ce qui eſt cauſe
que les Légumes conſervent toujours
un goût âcre & aqueux.

Cela fait , après avoir paſſé le rateau
ſans marcher ſur les planches labourées,
il faut y planter trois rangs en échiquier
à quinze pouces de diſtance les unes des
autres en tout ſens. La vraie maniere de
planter les Aſperges, c'eſt de les poſer
ſur la ſuperficie de la terre , de bien
étaler les racines avec préciſion ſans les
caſſer , & d'y jetter enſuite trois pouces
de terreau pour les couvrir. D'un millier
de plantes d'Aſperges ſaines plantées de
la ſorte , il n'en périra pas une , ſans
qu'il ſoit néceſſaire d'avoir recours aux
boulettes de M. *Filachier.*

La plantation étant faite , comme je
viens de l'expliquer , outre les trois

ponces de terreau , il est prudent d'y joindre un pouce de hauteur de fumier de litiere à demi-pourri , ou de la paille hachée , & mieux encore , de la paillette de blé ; par ce moyen ce jeune Plant est à l'abri des petites gelées printanieres , & des vents secs & arides du nord qui regnent ordinairement tous les printemps.

Depuis trente ans que je me suis donné à l'Agriculture , j'ai observé que ces mauvais vents ordinaires des printemps , faisoient plus de tort à la végétation que les plus fortes gelées des hivers ; il est certain que chez les animaux & les végétaux , la plupart des maladies ne proviennent que du passage brusque d'une température à l'autre ; & dans le jardinage ce n'est qu'en évitant ces contrastes qu'on obtient d'heureux succès.

On trouve dans une petite brochure sur la culture de l'Asperge de Hollande , dite de Marchienne , une composition de boulettes , que l'Auteur recommande de mettre dessous chaque plante , au moment de la plantation.

Ce ridicule conseil me rappelle celui de certains Auteurs qui recommandent de mettre tremper les femences de melons vingt-quatre heures dans un verre de bon vin de Bourgogne, en y ajoutant un morceau de fucre, afin, difent-ils, que les fruits qui en proviendront aient le goût fucré & vineux.

Les uns & les autres fe trompent groffierement ; jamais aucun artifice n'a procuré le moindre avantage à l'Agriculture, mais bien les bons procédés : en voici la preuve.

J'ai cultivé cette année plufieurs couches de melons, faites avec des voieries ; j'ai obtenu des fruits excellens. Je rends compte des procédés que j'ai employés, dans un Ouvrage fur l'Agriculture, en grand, qui fera bientôt fous preffe. Que l'on prépare un bon fol ; s'il eft mauvais, qu'on le corrige, la Nature d'elle même eft féconde, elle nous offre continuellement fes bienfaits ; mais il faut l'étudier & ne pas s'écarter des principes qu'elle preferit, & que doit faifir l'œil attentif du Cultivateur.

Il eft étonnant que M. *Filachier* ait ajouté foi à la routine des Jardiniers des environs de Paris ; lorfqu'il aura quelques années d'expérience, il fera moins cré-

dule, & saura jusqu'à quel degré il faut
y croire ; en effet, comment imaginer
qu'ue boulette de la grosseur d'une noix,
telle vertu qu'on lui suppose, placée sous
une plante d'Asperge, puisse faire l'office
d'un engrais de trois ans, l'Asperge étant
sur-tout la plante la plus gourmande que
je connoisse.

### Du choix du Plant d'Asperges.

Pour former une Aspergerie, il faut
prendre du Plant de deux ans; plus les
racines seront longues & effilées, moins
il vaudra, & c'est la preuve qu'on aura voulu tirer un trop grand parti de
son terrein en le semant trop dru.

Un bon Plant d'Asperges doit être ra-
meux, & sans tache sur les racines ; il
peut se conserver quinze jours aussi bon
que le premier, en prenant les précautions suivantes.

Lorsqu'on déplante du Plant d'Asperges, il faut avoir un panier prêt à le
recevoir. Il faut premierement mettre
dans le fond du panier un lit de six
pouces de mousse quelconque : ensuite
y mettre un lit également de six pouces

de hauteur de Plant d'Asperges ; il est es-
sentiel de recommander au Marchand de
les arranger l'un après l'autre sur le côté :
l'on continue de cette maniere jusqu'à
ce que le panier soit plein ; c'est à-dire
qu'on met la mousse & le plant lit par
lit de six pouces de hauteur : au dé-
faut de mousse, on peut se servir de
regain.

Le panier rempli, il est à propos de
lui donner quelques secousses légeres
pour le tasser, le cahos de la voiture
occasionneroit un grand désordre au
Plant pendant la route. On recouvre
ensuite le dessus du panier avec de la
paille, sur laquelle on entre-lace de la
grosse ficelle.

De cette maniere, l'on peut faire
faire quatre cens lieues au Plant d'Asperges sans qu'il soit dérangé.

Il y a des Jardiniers qui, avant de faire
leur plantation, mettent tremper leur
Plant d'Asperges quelques heures dans
l'eau pour les faire gonfler, s'imaginant
que la reprise sera plus prompte & plus
certaine.

C'est une absurdité semblable à celle
de faire tremper les griffes de renon-

cules ; il eſt certain que ce procédé leur fait tort , en ce que cette eau diſſoud les principes ſalins & extractifs qui entrent dans la conſtitution des végétaux.

## *De la conduite des Aſperges pendant la premiere & la ſeconde année.*

Les précautions à prendre pour l'entretien d'une planche d'Aſperges ſont peu de choſe ; la premiere , c'eſt de ne jamais marcher ſur les planches , ſoit pour les ſarcler , ſoit pour les biner , ſoit pour les amander , ſoit enfin pour les cueillir. Il faut avoir ſoin de les ſarcler à la main , ſur-tout autour des plantes , crainte de les bleſſer dans leur jeuneſſe. Quant aux intervales , pour accélérer le travail , on peut ſe ſervir de la binette , petit labour qui leur eſt favorable.

Lorſque le Plant eſt parvenu à un pied de hauteur , on coupe à raz de terre , ſur chaque plante , la tige la plus forte , il s'enſuit un reflux qui fait groſſir toutes les racines.

Au mois de Septembre , il faut couper toutes les tiges , & ne leur laiſſer que deux pouces , leur donner enſuite un binage, & recouvrir ces chicots, à fleur de terre, de fumier à demi-pourri.

On les conduit de cette maniere l'année suivante, excepté qu'on coupe à la fin de Mai les quatre plus fortes tiges, toujours dans les mêmes vues, savoir, d'occasionner un reflux très-favorable.

Le meilleur engrais qu'on puisse donner aux Asperges, ce seroit de faire des couches de voieries d'un pied de hauteur, recouverte d'un pouce de chaux vive, & de bien inonder ensuite, pour empêcher que l'action trop vive de la chaux ne brûle l'engrais, & ne détruise les portions mucilagineuses, huileuses & salines, dont est doué cet excellent fumier.

La fermentation plus modérée sera toujours suffisante pour y faire périr en partie les semences des mauvaises herbes, ainsi qu'une infinité d'œufs d'insectes qui s'y trouvent déposés.

Ce tas de voierie, après avoir été exposé pendant un an à toutes les influences de l'air, de la lumiere, & de l'hiver, passé ensuite à la claie, est de tous les amandemens, le meilleur, surtout pour nos Asperges. Il suffit d'en mettre chaque année, à la fin de l'automne, de l'épaisseur de trois pouces sur son Plant d'Asperges; & comme il réside dans cet espece de fumier beaucoup de parties terreuses, ce sera le moyen de réparer la perte annuelle du sol, qui à la longue découvre les plantes vivaces.

On n'ignore pas que le poids des légumes qu'on tire annuellement d'une planche, en diminue le même volume de terre ( c'est un fait constant ), & que si on ne le lui rendoit pas, soit par de nouvelles terres, soit par des fumiers terreux, les plantes vivaces se trouveroient presque à nud, après quelques années de végétation.

Je suppose que l'on voulut faire une Aspergerie dans un mauvais terrein rempli de pierrailles; on n'a qu'à passer cette terre à la claie, dans une tranchée de quatre pieds de profondeur, sur autant de largeur, y joindre un tiers de l'engrais précieux dont je viens de donner le procédé, & planter ensuite; il est certain qu'on aura les plus belles Asperges que l'on puisse desirer.

J'ai fait tant d'expériences de toute nature avec les voieries, que je peux

certifier que lorsqu'elles font bien pré-
parées , il n'y a point de fumier auffi
bon.

Une infinité de perfonnes s'imaginent
que les voieries infinuent un mauvais
goût aux légumes : cela n'eft pas, à
moins qu'on ne les employe toutes ré-
centes. Les plantes d'ailleurs font douées
de la propriété de s'affimiler les principes divers que n'ont pas eu les engrais, de les métamorphofer en fucs
nourriciers ; de même que tous les ali-
mens de l'homme fe convertiffent en un
même chyle, quelque différence qu'il y
ait entr'eux.

Le fol de mon jardin eft un fable roux,
brûlant, & de mauvaife qualité ; les
pêchers y meurent en peu d'années ;
j'y ai mis, l'hiver dernier, foixante voitures de voieries, que M. le Lieutenant
général de Police m'a fait donner ; j'y
ai planté des pêchers qui font très-beaux
pour leur âge , & que je ferai vivre
plus long temps, & j'y ai actuellement
plus de mille plantes de céleri & de
fcarol , ainfi que d'autres légumes ;
il n'eft pas poffible de les avoir plus gros,
plus beaux & d'un meilleur goût.

*Remede infaillible pour faire périr les in-*
*sectes qui s'attachent sur les Asperges,*
*comme sur les autres Légumes.*

Prenez des feuilles d'aulnes, mettez-
en dans un tonneau jusqu'au tiers, rem-
plissez-le d'eau, & remuez tous les jours;
quinze jours après, cette infusion aura
la propriété de faire périr tous les insectes en en arrosant les plantes. On renouvelle les feuilles à mesure qu'elles
pourrissent; on peut conserver ce mê-
lange deux mois, il ne nuit nullement
aux plantes : ce procédé est fondé sur ce
que jamais insecte ne s'attache à la feuille
d'aulne.

*Conduite & culture des Asperges de la*
*troisieme année.*

Je suppose que l'on aura pris du Plant
d'Asperges de Gravelines de deux ans,
& que l'on aura apporté tous les soins
que je viens d'expliquer ; elles feront
en état d'être cueillies, & au moins
aussi avancées que les Asperges culti-

vées selon la routine ancienne, & plantées de quatre ans.

Parvenu au mois d'Octobre, après avoir
coupé les tiges des Asperges, & les
avoir binés, il faut y jetter six pouces
de terreau, composé d'une moitié de
terre potagere, & d'une autre de fumier exactement pourri ; encore mieux
du mélange de chaux-vive & voieries
dont je viens de parler. Il s'agit alors
d'enlever les à-dos ; & lorsque la gelée
commence à se faire sentir, il faut ré-
pandre sur ces planches six pouces de
paille de litiere, ayant soin d'en öter
tout le crotin.

Il est bon de faire la dépense de planches de bateau pour entourer les carrés
d'Asperges. Ces planches enfoncées lé-
gérement & soutenues conséquemment
avec des petits pieux, soutiendront la
bordure dans le temps que se feront
les tranchées, & cela facilitera le Plant
des Petits-Pois. Cela est peu dispendieux,
ces planches durent six ans, & ne coû-
tent que cent sols la toise cube ; de
maniere, qu'avec dix toises qui coû-
teront cinquante livres, tout au plus,
l'on pourra border six planches d'As-

perges de soixante pieds de longueur. Cette dépense est même dans les facultés des plus petits Jardiniers - Maragers de Paris. Les Asperges se vendent au moins trois livres la boîte, en Mars & en Avril, & les plus grosses six livres ; les Petits-Pois qu'on aura en Avril, tout au plus tard au commencement de Mai, se vendent communément dix écus le litron, & souvent vingt.

Il y a des Jardiniers qui ont beaucoup de châssis plats ; en les employant pour des Asperges, je pense qu'ils y gagneroient davantage qu'à les emploier, pour avancer des Roses ou pour d'autres fleurs; en voici la raison : lorsqu'il ne fait pas de soleil dans l'hiver, l'humidité & la privation de l'air, pourrissent les plantes, souvent y perdent tout, malgré tous leurs soins. Etant employés aux Asperges, comme je le propose, tel tems qu'il fasse ils n'ont aucun risque à courir.

On sent parfaitement, que les planches entre les Asperges doivent être cultivées pendant l'espace de deux étés nécessaires pour l'accroissement des planches d'Asperges, d'après lequel tems elles sont assez fortes, pour être provoquées au naturel,

Il ne faudroit pas cependant y mettre de gros légumes ; comme des artichaux, des choux pomés, ou des cardons de Tours. On peut y mettre des romaines, des laitues, des endives ou des chicorées ; enfin des choses qui ne montent pas fort haut, il est certain que la privation de l'air en pareil cas feroit tort à l'accroissement de ces jeunes plantes d'Asperges.

*De la maniere de cultiver les Petits-Pois, qui, dans cette circonstance, influe sur l'accroissement des Asperges.*

Etant parvenu au quinze de Janvier de la seconde année, les Asperges peuvent être provoquées.

1°. Il faut enlever trois pieds de terre dans les planches destinées aux petits Pois, la couper avec dextérité pour ne pas faire tomber la terre des côtés des planches d'Asperges, & la retirer à mesure par un bout de la planche ou par l'autre ; j'insiste sur cette précaution. Les maîtres Jardiniers, ne peuvent la recommander trop sérieusement à leurs garçons, qui marchent communement à travers les planches & les plates-bandes.

Les tranchées faites , & les terres fur
les trois pieds de profondeur enlevées
également partout , il faut y faire tranf-
porter deux pieds de fumier bien affaiffé,
compofé de moitié de fumier de vache
& de cheval , arrangées par couches de
fix pouces.

Comme nous fommes à portée dans
cette Ville , de nous procurer , à grand
marché , des voieries excellentes , je
confeille à tous les Jardiniers de s'en
fervir par préférence , en abandonnant
leur ancien préjugé qui eft vraiment
chimérique. La fermentation des fumiers
des Villes , furtout de la Ville de Paris ,
dure le double plus long-tems que celle
du fumier de cheval , outre que fa chaleur eft conftamment égale ; objet très-
important pour provoquer des légumes
en plein air & furtout en plein hiver.

2°. Une voiture de terreau , qui pro-
vient des voieries de Paris , vaut douze
voitures de terreau provenant du fumier
de cheval.

La raifon en eft fimple , le fumier de
cheval , ne contient que de la paille ,
avec un peu de crotin qui fe réduit pref-
qu'à rien. Le peu de fuc qu'il contient ,

la terre l'a bientôt absorbé, & ce qui reste n'est qu'une espèce de *caput mortuum*. Qu'on compare cet engrais à celui des boues de Paris, composées de beaucoup de crottin, de cendres, d'ordures des cuisine, des balayeures de maisons, des débris du cuir qui s'use en marchant, enfin de toutes matières animales grasses, mucilagineuses, savonneuses & salines; & qu'on juge de la préférence que mérite ce dernier engrais. L'emploi, je le repéte que j'en ai fait dans mes caisses, dans mes couches en plein air, dans mon potager, ainsi qu'autour de mes arbres fruitiers, surtout si l'on considère la nature détestable de mon terrein, sont de tous les argumens le plus favorables en faveur de cet engrais. Ayant arrangé, & bien affaissé les deux pieds de fumier, dont je viens de parler, soit de celui des voieries, soit d'autres; il faut transporter sur ses couches souteraines, un pied de hauteur de bonne terre potagere, pour y semer les petits Pois hatifs : il y a du choix ; les Pois de Marmoutiers ou de Blois sont ceux qui méritent la préférence ; on est sûr de trouver de ces especes sans être trompé,

chez

chez M. *Andrieux*, Marchand Grainier, de-
meurant sur le quai de la Féraille, à
Paris.

La terre étant préparée & bien mise
de niveau, il faut n'en semer que deux
raies dans le milieu des planches, à un
pied de distance chacune, de maniere,
qu'il reste un chemin d'un pied de large
aux côtés des planches d'Asperges ; ces
chemins sont autant utiles, pour les tra-
vaux à faire des petits Pois, que pour
ceux des Asperges.

Quinze jours ou trois semaines après
que ses couches souteraines auront été
faites, & surtout si on a eu la précaution
d'empêcher que les plantes ne gelent,
avant l'opération, on ne doit pas être
étonné de voir paroître les premiers fruits
d'Asperges. Il faut les garantir comme de
raison du froid extérieur.

Il arrive assez souvent des gelées très-
vives dans ce tems, puisque c'est le cœur
de l'hyver : selon que la gelée est plus
ou moins forte, on jette sur les planches
plus ou moins de paille de litière séche.

S'il arrive des neiges, il faut en outre
les recouvrir de paillassons & les enlever
du moment qu'elle cesse, parce que le

foyer ne tarderoit pas à être refroidi
par la fonte ainsi que par la présence de
la neige que refléchit les rayons solaires
à cause de son extrême blancheur. D'un
autre côté, on conserve par ce moyen
la paille dans sa sécheresse, & en secouant
les paillassons, la neige ne leur fait aucun
tort. Ce sont tous ces petits soins, ap-
portés à propos, qui assurent les succès
en agriculture ; l'on ne doit pas être
étonné de voir pousser les fruits d'Asperges sous cette paille dans la rigueur
de l'hiver ; lorsque le soleil est beau, il
faut en profiter, pour leur donner de
l'air, & les faire jouir de ses faveurs.
D'un autre côté, tout le monde sçait
que l'air & la lumière donnent à tous les
fruits la couleur & le goût ainsi que
l'odorat.

Il y a des personnes qui aiment les
Asperges tout à fait blanches. C'est dans
ces tems d'hiver qu'il est plus aisé de
s'en procurer ; & afin quelles ne con-
tractent pas le moindre petit goût, on n'a
qu'à couvrir les planches de six pouces
de paille neuve. Elles resteront blanches
quoiqu'étant sorties de terre.

Il faut continuer tous ces soins jusqu'au

printems ; pour lors , fi on s'apperçoit qu'elles commencent à être moins grosses & moins généreuses , il faut les conduire de même que celles des champs , sans chercher à forcer la végétation. Cette maniere de provoquer les Asperges est naturelle & différente de celle qu'on employe dans les potagers du Roi à Verfaille ; on y renouvelle les réchaux tous les huit jours ; on couvre les fruits avec des cloches à mesure qu'ils paroissent : lorsqu'on a eu recours à cet artifice , & qu'on a de la sorte forcé son plant , il se trouve épuisé & il faut avoir des quarrés immenses d'Aspergeries , pour les laisser reposer trois ou quatre ans.

La méthode des Jardiniers de Paris , est approchant la même selon la maniere que j'indique ; les plantes ne souffrent pas du tout & on ne perd pas un pouce de terrein. Cette méthode ne fatigue pas plus l'Aspergerie que si elle donnoit dans la saison ordinaire ; & par la raison qu'elle a rapporté plutôt , elle est aussi plutôt à même de reparer ses pertes , & de reproduire l'année suivante. L'on peut recommencer la même opération , & ainsi pendant vingt ans.

### Résultat de cette culture.

Dans les maisons des Seigneurs, où l'on aime la continuité des fruits ; voici la maniere de l'obtenir. Il faut partager une Aspergerie un peu vaste , ou bien en créer trois petites , toutes dans une belle expofition ; & l'on fe procurera pendant huit mois de l'année des fruits à difcrétion.

Les Afperges mifes en mouvement en Janvier, commencent à donner leurs fruits en Février & en Mars; l'on n'en provoque qu'un tiers.

En faifant la même opération en Février, & elle eft moins pénible , le fecond tiers donnera des fruits en Mars & en Avril.

En laiffant aller le dernier tiers naturellement, ce qui exige peu de foins , comme de garnir les planches du côté du nord avec des paillaffons , de faire une tranchée d'un pied de profondeur dans les chemins qui entourent ces mêmes planches, & de les garnir de fumier chaud, & on préfervera l'Afpergerie du froid qui regne fréquemment en Mai.

Ces mêmes avantages rejailliront sur les petits Pois. Arrivé en Octobre, tems auquel la seve de l'Asperge est arretée, qu'on fasse des couches composées d'un tiers de fumier neuf de cheval, d'un tiers de celui de vache, & d'un tiers de fumier à demi-pourri pour en modérer la chaleur.

Au quinze d'Octobre, qu'on jette sur ces couches six pouces de bonne terre potagère, qu'on prenne chez les vignerons, lorsqu'on en manque dans son jardin, du vieux plant d'Asperges condamné à être déchiré, & qui se vend à bas prix, qu'on plante ce vieux plant d'Asperges en terre près l'un de l'autre, qu'on rejette ensuite six pouces de la même terre sur ces plants, qu'on pose sur ces couches les chassis qui pour lors ne servent à rien, quinze jours après l'on aura des fruits qui donneront pendant un mois ; que l'on repete cette même opération chaque mois jusqu'en Décembre, l'on aura une continuité de fruit d'Asperges comme l'on voit sans peine & sans dépense ; en voici la preuve.

Il faut du fumier chaque année pour amender les terres d'un potager qui aura donné des légumes pendant tout l'été; il est certain que les fumiers recens emploiés dans les terres, ne valent pas ceux qui font à demi-pourris; or après s'être servi de leur fermentation, ces mêmes fumiers ne font que meilleurs pour être répandus dans les potagers.

## Autre procédé.

Quoique je fois ennemi des procédés artificiels, il est quelque fois excufable d'en faire ufage: en voici un de ce genre, & que j'indique, perfuadé que plufieurs perfonnes l'adopteront, joint à ce qu'il ne fait pas périr le plant. Je fuppofe une Afpergerie vafte dans laquelle on confentiroit à facrifier le rapport actuel de quelques planches d'Afperges pour en obtenir une plus grande quantité l'année fuivante; alors au commencement d'Aout même au vingt de Juillet, choififfez quelques belles planches d'Afperges dont les plantes foient vigoureufes, coupez toutes les tiges a rez-de-terre, ne leur en laiffez aucune; donnez à ces planches un labour d'un demi-fer de bêche, innondez-les d'eau, c'eft-à-dire, donnez-

leur un arrosement copieux & profond ;
un jour ou deux après, passez le rateau
sur vos planches, il est certain qu'au bout
de quinze jours, vos Asperges redonne-
ront des fruits nouveaux pendant six
semaines, de même qu'au printems,
excepté qu'elles ne seront pas si grosses.
Revenons aux petits Pois : parvenu au
commencement de Février, ces petits
Pois hatifs, doivent être sortis de trois
à quatre pouces hors de terre, car l'on
doit s'attendre qu'ils iront très-vîte.

Il faut avec la terre de leur voisinage
les buter de deux pouces de hauteur ; ce
petit butage les raffermit, leur fait pousser
de fortes racines, ce qui en augmente
le fruit considérablement par la suite.

Cette opération faite, il faut les ramer
avec des bâtons de dix-huit pouces
de hauteur, placés de six pouces en six
pouces, & chaque bâton piqué en
terre de six autres pouces de profondeur,
de maniere que cette ramure ait un pied
de hauteur : son utilité est de garantir de
la gelée en jettant dessus les Pois de la
longue paille de litiere plus ou moins,
selon que la gelée est forte. Lorsqu'il fait
soleil, on enleve cette paille pendant le

jour pour les maintenir en viguer , tous ces petits embarras ne feront pas plaisirs aux Jardiniers paresseux, qui n'aiment que la besogne faite.

Au mois de Mars , il faut à ces rames en joindre d'autres de trois pieds que l'on pique entre les petites, sans ôter ces dernières ; pour lors les fortes gelées sont passées. En enfonçant en outre des gros bâtons de distance en distance , s'il survient des petites gelées , on les garantit en y appliquant tous les soirs des paillassons que l'on pose debout.

Lorsque ces Pois sont parvenus à la hauteur de ces secondes rames , il est certain que chaque plante , a au moins six fleurs. Il faut pour lors s'en contenter pour cette saison & les pincer , ce qui les avance au moins de dix jours : comme cette culture se fait en pleine terre , je conseille aux Jardiniers de garantir les planches de deux en deux avec des paillassons , certains Jardiniers le pratiquent pour des objets moins précieux. Après la culture de ces Pois , leurs planches servent à cultiver d'autre légumes pendant l'été ; par exemple , on peut en tirer un grand parti en y plantant du céleri , qui a été repiqué au mois de Juin ; ce qui demande une rigolle de six pouces de profondeur sur deux pieds de largeur. Lorsque les extrémités de leurs chevelus sont parvenus sur le fumier , qui pour lors est à moitié pourri , on aura des plantes monsttrueuses : j'en ai dans ce moment la preuve , je viens d'obtenir sur des fonds de voieries mille pieds de céleri qui sont de la plus grande beauté.

Au mois de Janvier suivant , il faut enlever la terre & le terreau qui se trouvent dessous.

*Fin.*

---

On trouve chez le même Libraire, & chez l'Auteur , son Livre : *Beautés de la Nature , & sa Dissertation sur les Chassis-Phisiques.*

# TABLE
## des Matieres.



Fin de la Table des Matieres.

www.ingramcontent.com/pod-product-compliance
Lightning Source LLC
LaVergne TN
LVHW021758060726
842528LV00003B/1017